U0335211

万物产生的秘密

生活

纸上魔方 编绘

北方妇女儿童出版社

长春

图书在版编目（CIP）数据
生活 / 纸上魔方编绘. --长春：北方妇女儿童出版社，2019.3
（万物产生的秘密）
ISBN 978-7-5585-1111-0
Ⅰ.①生… Ⅱ.①纸… Ⅲ.①日用品—少儿读物
Ⅳ.①TS976.8-49
中国版本图书馆CIP数据核字(2017)第142470号

生活
SHENGHUO

出版人 刘 刚
策划人 师晓晖
责任编辑 曲长军 张 丹
开　本 787mm × 1092mm　1/12
印　张 4
字　数 80千字
版　次 2019年3月第1版
印　次 2019年5月第2次印刷
印　刷 吉林省吉广国际广告股份有限公司
出　版 北方妇女儿童出版社
发　行 北方妇女儿童出版社
地　址 长春市人民大街4646号　邮编：130021
电　话 编辑部：0431-86037970　发行科：0431-85640624
定　价 16.80元

前言

世界上的万物，我们往往只看到其表象，要探究其内在缘由，就会有千万个为什么等待我们去解答。

我们居住的地球来自于哪里？地球上为什么会有各种各样的地形地貌？狂风、暴雨、地震、海啸等自然现象是怎么产生的？对我们的生活有什么影响？

大自然里的生物千姿百态。育儿袋里小袋鼠如何长大的呢？蝌蚪是怎样变成青蛙的？有不开花就能结果的植物吗？植物的种子都藏在哪里？

我们生活中常吃的巧克力、面包等食物都是怎么制作出来的？我们生活学习中常用到的纸、毛笔等学习用

品又是怎么生产出来的呢?

带着疑问，让我们翻开这套《万物产生的秘密》系列丛书吧！相信当你阅读完之后，所有的问题就会一一找到答案。

本系列丛书包括《地球与能源》《动植物》《生活》《食物》《传统手工艺》，共5册。全书采用浅显而有趣的文字，将我们带进一个迷人并充满乐趣的知识领域里，引导孩子从不同的角度去观察、思考万事万物产生过程的独特与神奇，从而提高孩子们的想象力和创造力。

这套书内容丰富多彩，插画栩栩如生、清新自然，整体充满童趣，是一套值得小读者阅读的科普读物。

目录

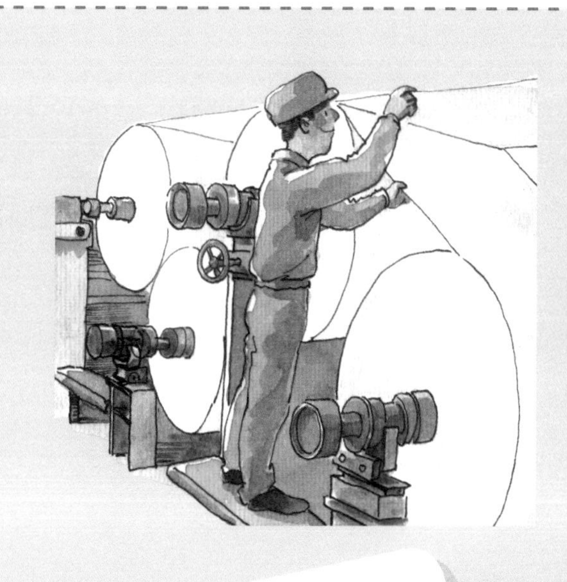

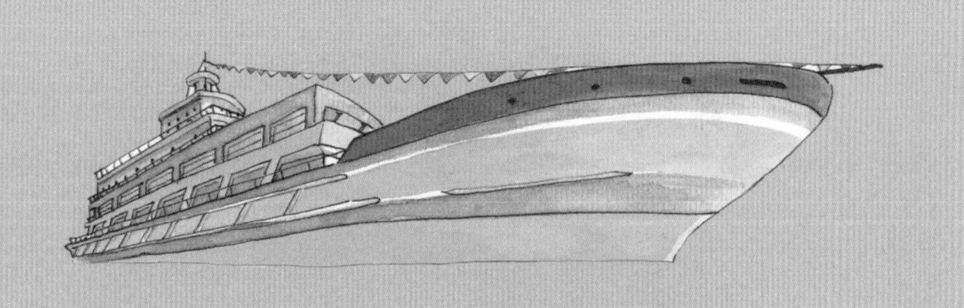

纸是怎样生产的

纸是中国的四大发明之一。早在晋代一个叫蔡伦的人总结了前人经验，发明一种简单而价格便宜的造纸技术。从此，纸逐渐地进入了寻常百姓的生活中。

❶ 纸是用木头或是多种纤维，如：麻、棉、藤、竹和旧衣服等，经过排水后交织而制成的。纸是书写、印刷的用品，也有包装和清洁等用途。纸的发明对于人类的文明发展，有重要的意义。

❷ 用木块造纸，要先把木块捣碎成小木屑。为了制作纸浆，必须将这些小木屑放在水里泡软，并进行蒸煮。为让木屑分解出其中的纤维，所以需要大量的水！

❸ 为了制作防水纸、色纸或是超级白纸，必须在纸浆中加入化学药剂。因此，制作这类纸张会对环境带来极大的污染。

❹ 纸浆经过造纸机之后，摊平在有洞的卷帘上方，卷帘上的洞是专门用来排除水分的。然后再用大滚轮把纸浆压平，再烘干。为了让一张纸的厚度均匀，必须经过沉重而光滑的滚轴进行磨光程序。

❺ 最后把一张张做好的纸卷起来。工厂的造纸机很大，如果全年无休、日夜连转，平均一分钟可以制造出好几百米的纸。

什么是再生纸?

我们可以回收旧报纸来制作纸浆。像这样回收再利用，一张纸可以重复使用十次！我们也可以用碎棉、麻布制作纸。有些国家也用这种纸来印钞票。

书是怎样制作出来的

有趣的童话书可以带着我们走进一个个奇异而温馨的世界；各种科普书可以带着我们畅游知识的海洋……那么，你知道书是怎样制作出来的吗？

❶ 作家用电脑写作，等到写完故事后，就请插画师画图，然后再把作品寄给出版社的编辑，希望编辑会喜欢。有时候，由出版社编辑先策划选题，再找作家写作，然后依照作品需要，指定插画师画图。

❷ 如果作家的作品有市场，编辑就会提议出版成书。于是，编辑和作家、插画师一起讨论书稿。编辑通常会提出修改文章和绘图的意见。

❸ 扫描仪可以把插图扫成电脑文件。排版和设计人员用电脑替文字和插图排位置，也替文章选择特定的字体，然后将文章、插图编排成一本书。

❹ 排版、设计完成后的书稿，就送进印刷厂。印刷之前，印刷厂会和编辑一起讨论所印书的纸张克度。通常出版社会计算书的制作成本，再决定印刷数量。

❺ 印刷厂将排好的文件印在好几千张的大张纸上，这些大张纸经过折叠后，会一叠一叠的被裁切、装订成书。如果你仔细观察，就会发现一本书是由好几叠像小册子般集合装订而成的。

❻ 装订好的书会被送到书店和大型商店销售，或是直接由出版社的业务人员销售。图书馆也会定期购买新书，让民众自由借阅。

报纸和报社有关系吗

读报纸是很多人的一种生活习惯，它是人们获取信息的一种媒介。但你知道一份报纸中，凝聚了报社和其相关联部门里多少人的辛勤劳动吗？

❶ 报社的总编辑每天都会和记者在会议室讨论哪些是头条新闻，以及哪些是重要的主题。

❷ 记者会之前要先阅读相关资料，拟定提问的问题。

❸ 记者采访之后，就得开始撰写采访稿。

❹ 记者交稿之后，编辑会重新阅读并更正错误的文字，然后会为采访稿下标题和提取引文。

❺ 所有的编辑工作完成后，整份报纸的印刷文件会送到印刷厂印刷。

❻ 天一亮，报纸就会用卡车送到报纸摊，送报的人也会把报纸送到订报者的信箱里。

火柴与蜡烛的制作

只那么轻轻一擦，火柴就被点燃了，然后用火柴去点燃一支支蜡烛，就该到唱生日歌了。不过，请先别着急，如果有人问你火柴和蜡烛是怎么制作出来的，你知道吗？

火柴

❶ 先把树干去皮，再切成一段段圆木。把圆木一层层剥开，然后一片片堆一起。

❷ 用闸刀机把木片切成一根根的小木条。然后把小木条磨光滑，经过特别处理之后，木条就不会燃烧得太快。

❸ 火柴头的圆形突出物，是含有黄磷、硫黄和氯酸钾等化学物混合成的黏稠物。

❹ 工厂的机器把所有小木条集中起来，运到黄磷、硫黄和氯酸钾混合的黏稠物上方，再把小木条一端浸到黏稠物里。

❺ 浸过化学成分的黏稠物后，再把火柴排列整齐并晒干，最后，把晒干的火柴一根根装进小盒子里，装满之后套上火柴外盒就完成了。

如何制作蜡烛？

蜡烛是用蜂蜡或一种石油的衍生物——石蜡做成的。先把蜂蜡或石蜡液体倒进模型，形成各种不同的形状，接着用棉线编织成蜡烛芯，放入蜡液中，让蜡液慢慢冷却变硬。蜡烛芯燃烧时，蜂蜡或石蜡因高温而熔化，随着蜡烛变短后，蜡芯不断突出，因而可以维持蜡烛的燃烧。

陶瓷盘子是烧出来的

我们吃饭用的碗和盘子，大部分是用陶瓷制成的。为什么要用陶瓷制作呢？原来，陶土烧制成陶瓷后，具有耐磨性强、硬度大和熔点高等特点。另外，它还具有抗热性能好，不易受腐蚀的特性。

❶ 使用黏土、陶土、瓷石或高岭土，可以烧制陶或瓷制的器皿。黏土和高岭土等原料在滋润时容易塑形，经过窑烧后会变得很坚硬。

❷ 烧制陶、瓷器皿前，工厂会先用石膏制作盘子的模型，不同的设计有不同形状的模型，杯子、碗、盘子都是一样的做法。另外，手工陶器则是直接用手捏制、拉坯，不必制作石膏模型。

❸ 工厂的机器会把黏土泥浆灌进石膏模型中，成型后的陶器则放在木头柜上风干。接下来利用木制、铁制或石制工具磨光盘子表面。陶制盘子的第一次焙烧，需要用1100℃的高温，连续烧三十个小时。盘子表面必须要有细孔，这样才能上釉。

❹ 把焙烧好的盘子浸在珐琅中，就会变得光亮，或者染上不同的颜色。接下来再推进火炉焙烧十二个小时。

玻璃瓶还能吹出来

生活中你能见到大量的玻璃制品。它是由砂岩、石灰石和长石等岩石制成的，其中砂岩是玻璃的主要原料，它的成分是二氧化矽。

❶ 首先用1500℃的高温加热砂岩、石灰石和长石等岩石制成的混合物，且须添加“碳酸钠”来帮助细砂熔成滚烫的黏稠液。

❷ 玻璃厂会将熔化的黏稠液体，经过导管注入瓶灌的模型中。

❸ 当液体注入模型后，模型中间的胚心产生瓶子的形状。再用压缩冷空气冷却，取出胚心后，中空的玻璃瓶就完成了。

❹ 老工匠手工制作玻璃瓶，会用一根长管子吸取熔化的黏稠液体，然后朝里面吹气，将玻璃吹出不同的形状。

塑料瓶的制作

❶ 塑料是用加热的石油分馏出来的蒸气合成的石油化学产品，常见的塑料有聚乙烯、高密度聚乙烯、氯化合成乙烯等。

❷ 塑料瓶的塑料是高密度聚乙烯，它透明、光滑又坚固。制作瓶子通常采用吹瓶法，所以瓶底会有一个圆点。

❸ 制作时，吹气机的吹口被插在模具中的塑料瓶雏形里，先以较小的压力打入气体，让雏形的内部产生气室，再灌进压缩的空气进行吹瓶。最后，塑料瓶膨胀成了跟模具一样大小的瓶子。

香水的生产很特别

生活中，你会发现很多人都使用香水，不但女性会用，现在使用香水的男士也渐渐多起来。那么，我们不妨来了解一下香水生产的过程吧！

❶ 制造香水的原料来自于园艺家种植的气味芳香的花，例如：玫瑰或茉莉，将一朵朵摘下来，等到花的数量收集足够多以后，具有冷藏设备的卡车就会把花运到工厂。有时候也会利用水果（香柠檬）或是植物的根（香根草）为原料来制造香水。

❷ 制造香水时，先要把花浸在溶剂中，这种溶剂可以分解花，变成芳香的液体，然后再把这些芳香的液体浓缩。最后便会得到“香精”，就是很浓的香水，生产 1 克的香精大概需要 1 千克的鲜花。

❸ 现在有很多香味都是在实验室人工合成的，这些人工香味比天然香味更稳定，成本也比较便宜。我们可以发明自然界没有的香味，也可以复制铃兰或百合的香味，因为这两种花的香味，是不可以从自然界中采集到的。

❹ 调香师是香水的创造者，在香水业界中，调香师又称为“名鼻”，可以熟记各种味道，通常调香师的工作室有超过四百瓶以上不同香味的小瓶子，简直就像是一个香水管风琴。调制香水前，调香师会先选择一个主要的香味，这种香味可以是花香、果香或木香。

❺ 接下来调香师会再选择一种和主要香味搭配的次要香味，这种香水的制造完成后，用吸墨水纸测试。嗅闻香水有三个阶段的气味：刚擦上香水时，最先闻到的是最快发挥的前味，会持续十分钟；挥发速度次之的中味，则会持续几个小时；持续最久的后味最不易发挥，也是稳定香水风格的味道。

❻ 香水的风格定形后，就要将香水样品提供给实验室。由实验人员对香水进行检测，避免香水中含有对人体有害的物质。最后检测合格的香水样品被送到生产车间，由车间管理人员按原料的配方安排生产。

你坐过火车吗

呜……火车进站了。它从哪里来，又去向哪里？不妨让我们乘着它一起去远方看看吧！

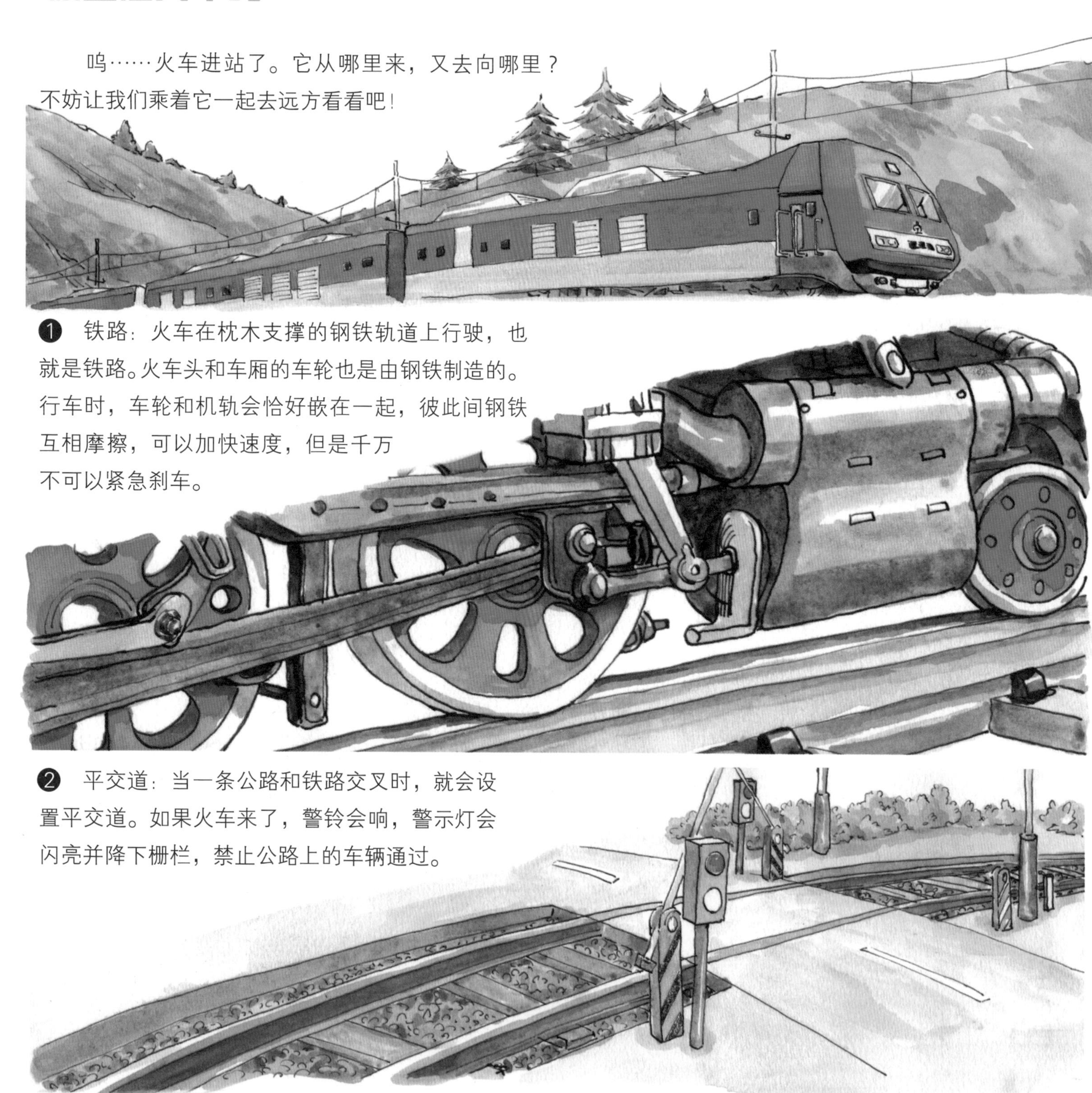

❶ 铁路：火车在枕木支撑的钢铁轨道上行驶，也就是铁路。火车头和车厢的车轮也是由钢铁制造的。行车时，车轮和机轨会恰好嵌在一起，彼此间钢铁互相摩擦，可以加快速度，但是千万不可以紧急刹车。

❷ 平交道：当一条公路和铁路交叉时，就会设置平交道。如果火车来了，警铃会响，警示灯会闪亮并降下栅栏，禁止公路上的车辆通过。

❸ 道岔：火车只能前进和后退，如果要改变方向，就需要用道岔来更换轨道。火车和汽车的驾驶一样，必须遵守交通信号。

❹ 火车：火车头和电缆连在一起，依靠电缆提供的能量，才能拉动后方的车厢。有些车厢是乘客车厢，有些则是货厢，火车也可以用来运输汽车哦！

❺ 车站：车站的大型告示牌会提示乘客火车进站的时间和月台号码。火车靠站后，乘客就可以上下火车。

火车站很热闹

有些火车站很大，站内有餐厅和商店，有些火车站则很小，只有两三个站台。无论火车站的规模如何，车站工作人员的任务都包括：保证火车准点进出站、对火车线路进行全面监控、确保火车发动机正常运转、维护车厢内的公共秩序和环境卫生、安排旅客上下车和装卸货物等。

❶ 安娜·索菲是一名火车站站长，管理着 300 名工作人员。每天，他们都要负责上百列火车过站的工作。

❷ 在调度室，调度员菲利普必须保证每列火车都能分配到空闲的轨道，这样火车才能井然有序地进出站。

❸ 有一列火车晚点了，塞力克即时更新了电子显示屏上的信息，这样乘客就可以在第一时间知道火车晚点的消息。此外，他还得负责广播，大部分广播内容已经提前录制好，但有时也会插播紧急广播。

❹ 通过监控的屏幕，文森和罗莱特可以实时监控火车的运行情况。一旦发生问题，他们就会立即通过轨道信号或无线设备通知司机。

❺ 在检修车间，检修人员负责检查所有火车头，以确保它们都处于良好的状态；检查火车头时，检修人员需要站在火车头下方的修理沟中工作。火车头准备就绪后，调车司机会把火车头开到指定的轨道上。

❻ 在货运区域，叉车司机等待着货运火车到站。他们负责把火车上装载的货物转运到仓库，之后这些货物会由卡车运往各地。

❼ 一切准备就绪后，调度员尼古拉发出出站信号，火车前方亮起绿灯。搭载着500名乘客的火车离开火车站，车上的乘客随之踏上了旅途。

船的发展史

船在最早的时候是人类水上交通和捕鱼的工具。随着科技的发展，各种用途的船只不断被制造出来，应用在了人类生活的方方面面。

❶ 古代的船几乎都是用木头建造的、也有用特殊的植物编造的。如：纸草，也有用布满油脂的动物皮制造的独木舟。现在我们还是有木筏，但是很多船都是用塑胶或铝合金制造的，战舰和轮船则是用钢铁制造的。

❷ 木头会漂浮在水面上，金属物品如：钉子，则会沉下去。但是战舰、油轮、渡轮都是用钢铁建造的。钢铁比水还重，它们又是如何浮在水面上的呢？这是因为这些船是空心的，船内含了很多空气，而空气比水还轻，所以船就可以浮在水面上！

❸ 船在水面上航行不是靠脚，也不是靠轮子。帆船运用风的力量，但大部分的船则依靠石油来推动引擎，让船前进。军方的潜水艇靠核子反应炉来推进，核子反应炉的高温可以推动螺旋桨。

❹ 人类因为有潜水艇才可以探索海底世界。有些潜水艇专门设计前往深海。人类自身不可能处在这样的深度，但是潜水艇不但可以潜入深海，还有人工手臂、可以代替人类做事。

最常见的马路、隧道和桥

马路、隧道和桥构成了四通八达的交通网，每天来来往往的各类交通工具穿行其中，给我们的生活带来了快捷和便利。那么，你知道它们是怎样修建起来的吗?

❶ 汽车行走的道路，也就是马路，必须十分坚固，才能承担各种车辆的重量而不变形。马路是用好几层不同的材料铺成的，最底层是岩石，接着依序是碎石、细沙和沥青。压路机压平每一层材料，让马路平坦。

❷ 有一种机器叫“全断面隧道铁掘机”，它像卡车一样大，形状如一根长管子。顶端有很多坚固金属打造的刀刃，挖掘隧道的时候，顶端会转动，把石头切成小块。另外有一条运输带，会把挖出来的泥土和石头慢慢地运送出去。

❸ 造桥之前必须先做精确的计算，确定可以抵挡风力、潮水和各种车辆的重量。十九世纪之前，石头和木材一直是造桥的主要材料。直到公元1779年，世界第一座铁桥出现在英国，造桥的材料也开始使用钢铁。混凝土是从公元1860年开始使用在造桥上。桥的种类有很多，有吊桥、钢架桥以及可让船通过的旋转式桥梁等。

❹ 要在水里建造钢骨桥墩必须先排水！首先把钢铁板固定，围住选定的位置，再把被钢铁板围起来的水抽干。等到没有水以后，就可以固定大型的金属椿，最后再灌进水泥，建造桥墩。

铅笔是怎么做出来的

在我们写字和绘画素描时，经常会用到铅笔。铅笔的笔芯是由石墨和黏土混合制成的，铅笔杆儿大多是木头制成。那么木头是怎样把铅笔芯包在里面的呢？让我们来看看吧！

❶ 选择适合做铅笔杆儿的木材，并把它切割成一块块长度和铅笔长度相同的薄板。

❷ 根据所制作铅笔芯的粗细，在木板上刨出可以放铅笔芯的槽。

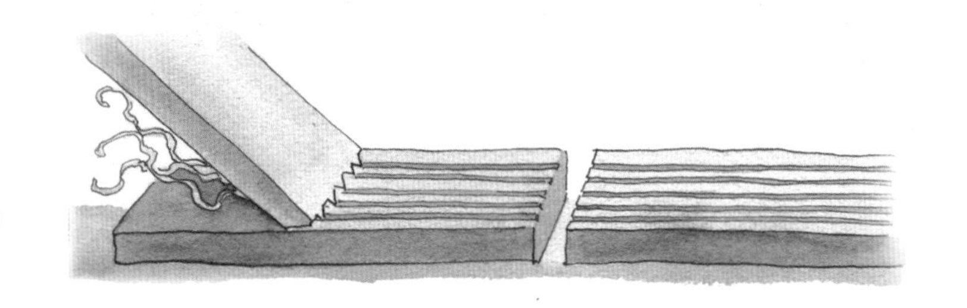

❸ 将刨好槽的木板放置在制作铅笔的流水线上，由转轮将一根根铅笔芯放置在槽里，并涂上胶水。然后把一块块刨好槽但没有放置铅笔芯的木板扣在已放置铅笔芯的木板上，使它们黏合为一体。

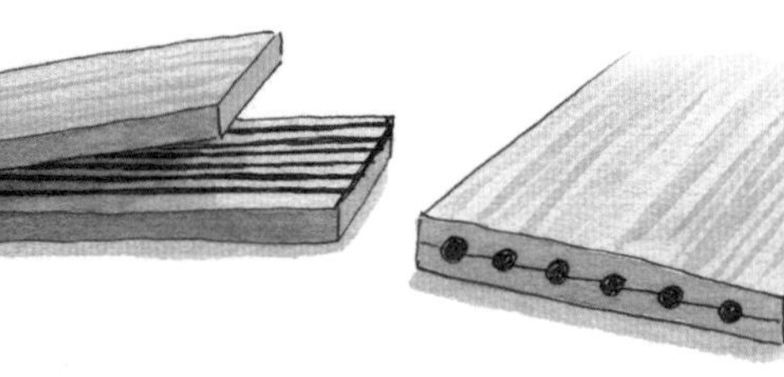

❹ 对黏合后的木板，进行挤压，使它们黏合的更加紧密。

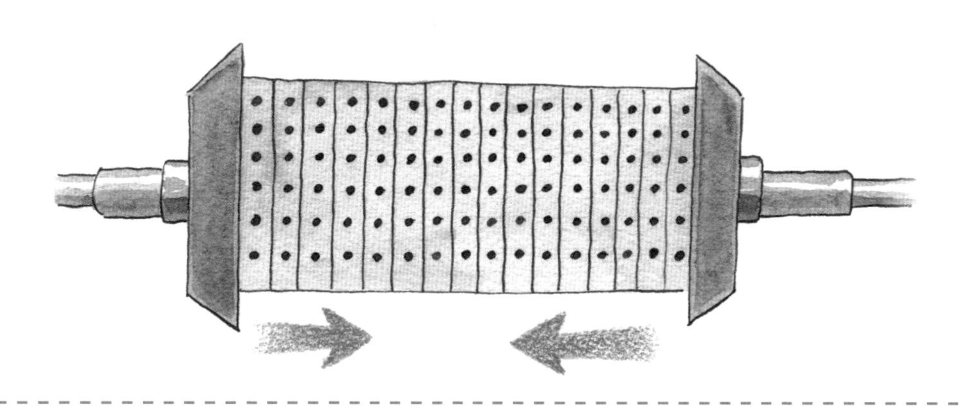

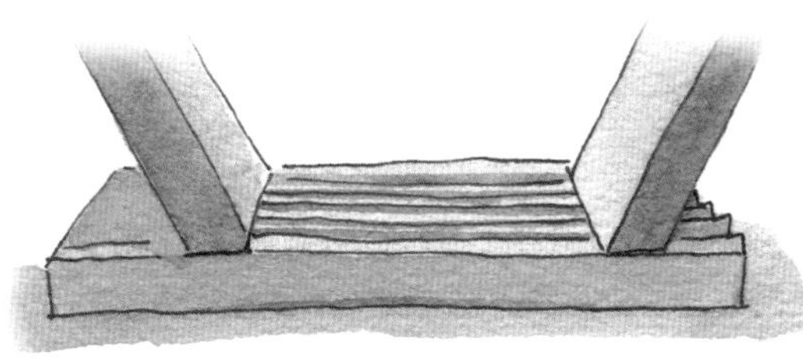

❺ 把挤压过的木板，放在切削机上，在木板的正面和反面切出对等的深槽，然后刨出铅笔的形状（圆形或六棱形），一根根铅笔就成型了。

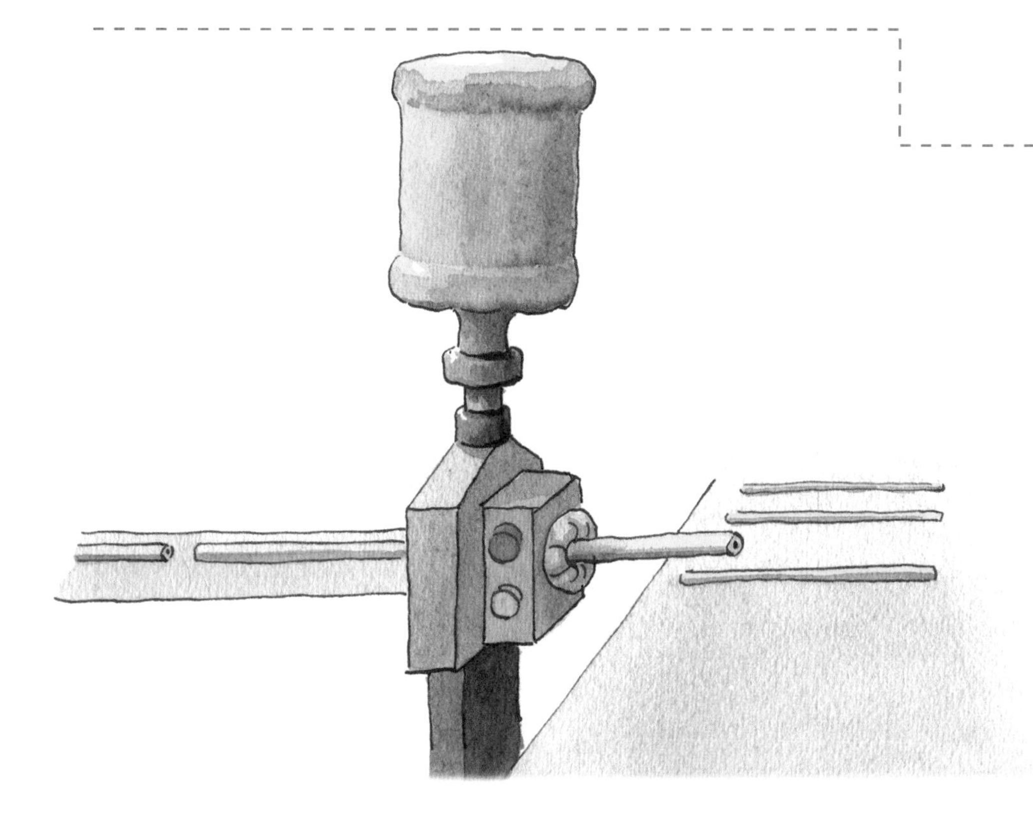

❻ 最后一步是给铅笔上漆。一根根铅笔经过上漆机上漆后，身上立刻涂装了美丽的外衣，不久，它们就可以和消费者见面了。

考古发掘很辛劳

考古发掘是一支考古队在一位或几位考古专家的带领下，经相关部门批准，对古文化遗址、古墓葬等进行勘探挖掘的工作。它的目的在于更好地了解和重视人类的历史。发掘工作通常会持续几个月甚至几年的时间。发掘工作完成后，专家们会对出土遗物进行整理，以便更好地向公众展示。

❶ 考古学家让·巴普蒂斯特和他的考古队将高卢（罗马时期）遗址划分成数个边长为 1 米的正方格（每个正方格都要进行编号），并在遗址周围规律地放置木桩和拉线，这个环节被称为“探方”。

❷ 让·巴普蒂特在电脑上重建了整个发掘现场。在考古发掘的过程中，挖掘出的每件遗物都会标记在电脑绘制的线图上。知道遗物的具体位置有助于考古学家了解其用途。

❸ 发掘工作正在逐步展开。有时，某些区域的进度比较快是因为那块区域的土质较软或暂时没有发掘出任何遗物。

❹ 十字镐与手铲是考古发掘中经常使用的工具，几乎所有遗物都是用它们挖掘出来的。在挖掘陶器时，镊子则显得更重要，因为陶器碎片很小且十分易碎。

❺ 让·巴普蒂斯特认真记录下每件遗物发掘时位于遗址的具体位置（包括层次）。同一层的遗物很可能属于同一年代。挖掘出的古钱币是推测遗址年代的重要线索。

❻ 考古发掘结束后，遗物通常被放入有编号的箱子中保存，然后送到实验室。

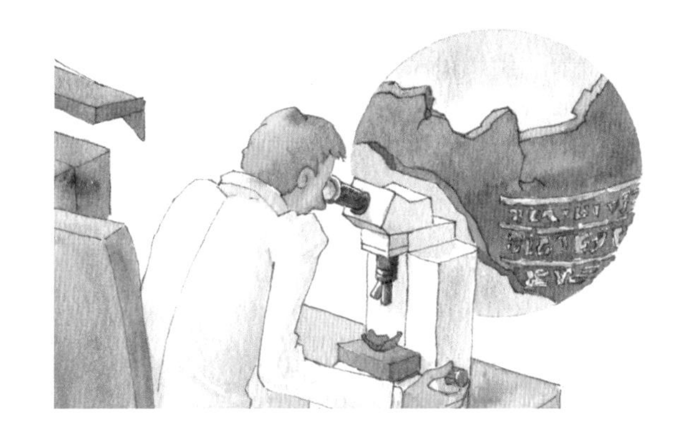

❼ 科学家可以通过显微镜看到陶器上微小的文字，也可以借助断层扫描仪发现 2000 年前的人类头骨上的划痕。

录音室里做什么

录音室是人们为了能制造出特定的录音环境而建造的专用录音场所，是录制电影、音乐等的录音场所。录音室的声学特性对于录音制作及其制品的质量起着十分重要的作用。

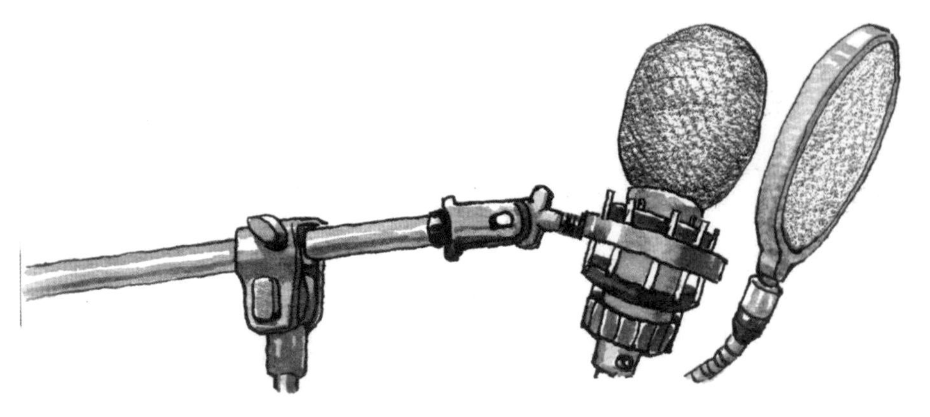

❶ 演奏者要录音的时候就会去录音室。那个地方完全隔音，听不见外面任何噪音。录音室隔着玻璃与音控室相邻，录音师和所有的录音设备都在音控室。演奏者必须透过玻璃，看录音师的手势指示，进行录音。

❷ 若要分别演奏收音时，每位演奏者必须拿着自己的乐器单独在一间隔音小房间录音，只能隔着玻璃和其他人沟通。

❸ 每位演奏者在个别演奏收音时，是一边用耳机听其他人演奏，一边配合着节奏在麦克风前面演奏。演奏者先一起弹奏歌曲的主旋律，再分别录制编曲的部分，例如：加入合唱、吉他和弦、第二把小提琴等的演奏。

❹ 音控室的录音师先把不同的录音放在不同的音轨上，再依照需要顺序，把它们结合在一起，也就是把每一样乐器的声音摆在预定的声道。我们在听 CD 的时候会发现有些乐器从左边喇叭出来，有些则从右边出来，有些声音比较强，有些较弱，这都是经过混音过程而录制完成的。

❺ 演奏者录音的时候可以录很多次，直到满意为止。等到所有乐曲都录制完成之后，录音师就会制作一份母带，然后再用母带进行大量拷贝，设计人员进行封套设计、拍摄等，印成 CD 封套，再包装，最后送到唱片行销售。

动画的制作

动画是一种综合艺术门类，它集合了绘画、漫画、电影、数字媒体、摄影、音乐、文学等众多艺术门类于一身的艺术表现形式。

❶ 动画电影制作前，必须要先有剧本。编剧负责写剧本、编写动画故事、创造不同的人物角色、撰写对白与描写场景。所以决定电影如何开始，如何结束的人，就是编剧。

❷ 接着，3~4 位插画家根据剧本故事，把一个个场景与角色动作画出分镜脚本。所有参与动画制作的人都要根据分镜脚本来绘制动画，分镜脚本里面包含动作的描绘、对话，甚至是搭配的音效。

❸ 导演会全程参与电影制作，主导整部动画的风格与流程。动画片需要很多人一起合作才能完成，其中会有动画师、场景设计师、音效师与背景音乐师等参与。

❹ 插画家负责电影的布局设计图。每一个动作画两张图，一张是刚开始的动作，另一张是完成的动作。中间的过程，则由动画师负责绘制分解动作。

❺ 电脑制作负责动画角色的每个动作细节。当动画师将每个分解动作完成后，电脑的播放软件就会将这些动作连续播放。连续影像依序播放的时候，如果每个分解动作都画得完整，就会给人一种连贯动作的感觉。如果分解动作不够完整，播放出来的角色动作就会断断续续。

❻ 再利用电脑把动作中的角色放在场景里。接下来把不同的场景，依照先后顺序排好，这就是剪接，剪接是利用电脑中的程序进行的。这时候还没有声音的加入。

❼ 录音员会在录音室替人物配音，一般电影动画都会找适合的明星、演员来替动画角色配音，可能有好几个录音员配音，也可能一人担任两个角色以上的配音。另外还会加上各种不同音效，例如：汽车引擎声或锅掉在地上、关门声等，这就是音效，也可以穿插歌曲或音乐。

电影是怎样产生的

电影史上的第一部电影《工厂大门》于1895年3月22日问世。在1927年之前，所有的电影都是默片。第一部彩色电影诞生于1935年，但直到20世纪60年代末期，彩色电影才开始普及。在一个多世纪的时间里，数以万计的电影被拍摄出来。它们的类型各异，包括爱情片、动作片、西部片和警匪片等。我们只要认真观察就会发现，这些不同类型的电影其实有一些共同点，那就是都需要极好的创意、优秀的制作团队以及足够的资金支持。

❶ 迪阿是间谍片《悬疑里约》的编剧。他与导演蒂米提一起挑选饰演每个角色的演员。

❷ 他们需要找到一位制片人为这部电影投资。皮埃尔对此很感兴趣，承诺承担电影拍摄所需开销的一半。作为回报，他将得到票房利润的一半！

❸ 法布里是一家电视台的负责人。他除了承担电影拍摄所需的另一半开销，还会安排这部电影在法国电视三台播放。

❹ 由蒂米提找来的音响师、摄影师、灯光师、道具师、服装师与化妆师组成了强大的幕后团队。同时，演员要参加由迪阿负责的面试。在选角过程中，制片人也会提出自己的意见，因为他们非常了解观众的欣赏口味。

❺ 拍摄工作持续了好几个月，因为部分情节需要在里约热内卢取景，所以除了演员和幕后团队成员要去那里，拍摄器材也要被运送过去，这样一来，拍摄成本就会大大增加。

❻ 拍摄结束了，剪辑师保罗与导演蒂米提一起将拍摄好的镜头剪接成心目中最理想的电影版本。有时，这个版本的内容会与剧本的内容截然不同！

❼ 电影公开上映前，制片人会邀请记者前去观看。记者的看法很重要，因为一篇好的电影评论可以吸引很多观众走进电影院。

❽ 哇！《悬疑里约》不但是本年度最卖座的电影，还获得了奥斯卡最佳外语片奖！

交响乐团都干什么

大型交响乐团大约由 100 位音乐家组成，其中乐团指挥至关重要。一个交响乐团要想正常运转，必须支付音乐家报酬、筹备演出、进行国内或国际巡演以及接待观众等工作，需要很多工作人员。

❶ 每年，由费塞尔指挥爱乐乐团要为观众奉献五十多场演出。有时，他们会邀请一些独奏者（同时也是杰出的音乐家）参与其中的几场演出。

❷ 这一次，在乐团艺术总监弗雷德里克的帮助下，费塞尔邀请到了所有想要邀请的音乐家并确定了演出曲目。

❸ 演出的日子越来越近了，乐团加紧排练。每次排练时，费塞尔都会选择不同的练习曲目。有时，他要求所有音乐家一起演奏，有时，他只要求音乐家进行音乐合奏或弦乐合奏。费塞尔根据自己想要演绎出的感觉，引导音乐家进行不同的表演。

❹ 演出前，技术人员会在舞台上摆放和调试乐器。此外，舞台的灯光效果由灯光师负责。

❺ 演出时，费塞尔用双臂和指挥棒指挥乐团。他不仅控制着乐曲的节奏（演奏的速度）与音调（声音的高低），也控制着每种乐器加入演奏的时间。

❻ 有时，乐团会举行国内或国际巡演。乐团行政部门安排演出并与音乐厅负责人联系。乐团外联部负责人布鲁诺负责预订酒店和安排运输乐器的卡车。

❼ 经过乐团宣传部负责人阿努克及相关工作人员的宣传，巡演吸引了很多观众。虽然组织巡演的开销非常大，但是这轮巡演的效果非常好！

你了解足球俱乐部吗

每到赛季，观众既可以通过电视观看足球比赛，也可以去比赛现场支持自己喜欢的足球队。一场足球比赛的时间通常为 90 分钟，但参加球赛只是足球俱乐部活动的一小部分。在大型足球俱乐部中，除了球员以外，通常还有数百名工作人员：有些负责医疗，有些负责饮食，有些负责联络赞助商。对足球俱乐部来说，赛季初期是最重要的阶段，因为球队的阵容会在此时基本确定下来。

❶ 马歇尔是法国马赛俱乐部的教练，现在，他手下有 22 名球员，但这还无法满足比赛的要求，因为他们还缺少一名优秀的前锋。

❷ 马赛俱乐部体育总监尤塞想将卓・优比招入麾下。由于对这位马德里之星感兴趣的俱乐部有好几家，卓・优比的经纪人让这几家俱乐部各自提出报价。

❸ 马赛俱乐部主席勒博朗立刻启程飞往马德里，去会见马德里足球俱乐部的高层人员。

❹ 虽然转会费很高，但是球队也会因卓·优比的到来而变得更加强大。此外，马赛足球俱乐部还可以出售印有卓·优比的球衣。这笔投资很快就可以赚回来！

❺ 在签约之前，卓·优比必须接受队医泰玛尔及理疗师的检查。

❻ 尤塞与赞助商见面，向他们宣布新球员加入的好消息。这么做很正常，因为赞助商是足球俱乐部的重要合作伙伴。

❼ 第二天，所有报纸都在头版头条报道了这次球员转会的情况。购买了球衣胸前广告的赞助商也因此变得家喻户晓。

❽ 新赛季第一场比赛开始了。新球员的到来能够帮助马赛足球俱乐部获得联赛冠军吗？谁也不知道。足球比赛可没那么简单！

超级市场里都在忙什么

我们可以在超级市场买到食品、服装、玩具、书籍、家用工具以及自行车等商品。那么，人们是如何管理超级市场（有些超市还位于郊区）中成千上万种商品的呢?

❶ 露西是贝尔尚超市的一名专柜负责人，负责玩具销售。她熟悉玩具架上的所有商品，所以在顾客选购时，她可以为其提供合理的建议。在一些特殊的日子里，例如圣诞节和万圣节，她还会举办一些促销活动。

❷ 如果玩具制造商们想要在贝尔尚集团下属的超市里销售玩具，就必须先联系贝尔尚集团的采购中心，因为贝尔尚超市里的每一件商品都由采购中心的采购员统一订购。采购员既要关注商品的质量，也要关注商品的价格。

❸ 唐吉经营一家专门生产木制玩具的工厂，他想在贝尔尚超市出售自己工厂生产的玩具，以便赚取更多利润。由于他们生产的玩具很新颖，所以在经过了漫长的谈判后，贝尔尚集团采购中心的玩具部负责人与唐吉签订了合同。

❹ 唐吉的工厂生产的玩具无法与大品牌的玩具抗衡，因为后者有充足的资金支持，不但可以进行大规模的广告宣传，还可以进行诸如“第二件特价”之类的促销活动。

❺ 一些大品牌的负责人纷纷找露西商谈，希望他们的商品能在货架上占据最好的位置——这一点很重要，因为醒目的位置能够让销量翻倍！

❻ 放在通道入口处的商品的销量会比放在其他位置的商品高很多。要想占据这个绝佳的位置，生产厂商必须向超市额外支付一笔费用。可对唐吉来说，这笔费用太高了。

❼ 露西会时时查看商品的库存情况。一旦某件商品的库存不足，她就会马上联系采购中心或生产厂家，让他们尽快把商品送到超市。商品断货的情况是绝对不能发生的，因为这是顾客最讨厌的事情！

❽ 一个星期之后，唐吉供给超市的玩具快要卖完了。超市立即联系唐吉，增加了订单。同时，唐吉也向采购中心推荐了自己工厂生产的新玩具。